漫画
万物简史

千万不能没有引力

[英]安妮·鲁尼 著

[英]马克·柏金 绘

张书 译

中信出版集团 | 北京

图书在版编目（CIP）数据

千万不能没有引力 / （英）安妮·鲁尼著；（英）马克·柏金绘；张书译 . -- 北京：中信出版社，2022.6
（漫画万物简史）
书名原文：You Wouldn't Want to Live Without Gravity!
ISBN 978-7-5217-4054-7

Ⅰ . ①千… Ⅱ . ①安… ②马… ③张… Ⅲ . ①引力 —青少年读物 Ⅳ . ① O314-49

中国版本图书馆 CIP 数据核字 (2022) 第 035796 号

You Wouldn't Want to Live Without Gravity! © The Salariya Book Company Limited 2016
The simplified Chinese translation rights arranged through Rightol Media
Simplified Chinese translation copyright © 2022 by CITIC Press Corporation
All rights reserved.

本书仅限中国大陆地区发行销售

千万不能没有引力
（漫画万物简史）

著　　者：〔英〕安妮·鲁尼
绘　　者：〔英〕马克·柏金
译　　者：张　书
出版发行：中信出版集团股份有限公司
　　　　　（北京市朝阳区惠新东街甲 4 号富盛大厦 2 座　邮编　100029）
承 印 者：北京尚唐印刷包装有限公司

开　　本：889mm×1194mm　1/20　　印　张：2　　字　数：65 千字
版　　次：2022 年 6 月第 1 版　　　印　次：2022 年 6 月第 1 次印刷
京权图字：01-2022-1462　　　　　审 图 号：GS（2022）1610 号（书中地图系原文插附地图）
书　　号：ISBN 978-7-5217-4054-7
定　　价：18.00 元

出　　品：中信儿童书店
图书策划：火麒麟
策划编辑：范　萍
执行策划编辑：郭雅亭
责任编辑：房　阳
营销编辑：杨　扬
封面设计：佟　坤
内文排版：柒拾叁号工作室

我们能看见地球引力吗?

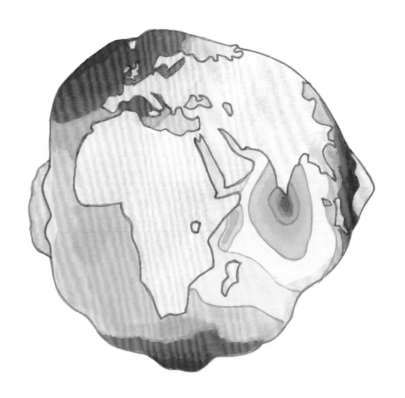

地球的形状有些奇特，它并不是标准的球体。地球的中间部位略鼓，绕赤道一圈远比绕两极一圈的距离长。我们把这种奇特的形状叫作椭球体。

除了形状不规则，地球的密度不均匀、表面也不平整。这说明地球表面各处引力有大有小。

科学家对此进行了测量，并把测量结果绘制成了引力场地图，这就是著名的"波茨坦土豆"。叫这个名字，主要因为绘制出的地球的形状像土豆，加上科学家们是在德国波茨坦完成的这项工程。

地图上的红色区域引力最大，浅蓝色区域引力最小。

引力大事记

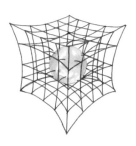

约 137 亿年前
宇宙大爆炸后，引力将宇宙中的物质聚拢起来。

1783 年
蒙哥尔费兄弟乘坐自己发明的热气球在空中飘行，成为最早对抗引力的人。

16 世纪 80 年代至 17 世纪 40 年代
伽利略·伽利莱对引力和下落的物体进行研究。

1915 年
阿尔伯特·爱因斯坦将引力场解释为一种时空的弯曲。

约 45 亿年前
地球的一部分因受到撞击而脱离，成了地球的第一颗卫星——月球。

1798 年
亨利·卡文迪什进行实验，验证了牛顿的万有引力定律。

1666 年
艾萨克·牛顿发现引力，并于 1687 年发表万有引力定律。

1942 年
德国制造出首个逃逸地球引力飞向太空的人造物体 V-2 火箭。

2009 年
科学家测量出有些雨滴降落的速度可以超过"终极速度"，按说这是不可能的。

1919 年
阿瑟·爱丁顿证实了经过太阳附近的光线发生了弯曲，以此验证了爱因斯坦的理论。

1969 年
尼尔·阿姆斯特朗登上月球，是首位感受其他星球引力的航天员。

1957 年
"斯普特尼克 1 号"是首个进入地球轨道的人造卫星。

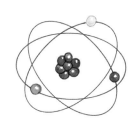

1998 年
科学家认为暗能量能抵消引力，让物质分离并使宇宙膨胀。

1927 年
乔治·勒梅特提出了勒梅特宇宙模型，得出了宇宙膨胀的概念。

目录

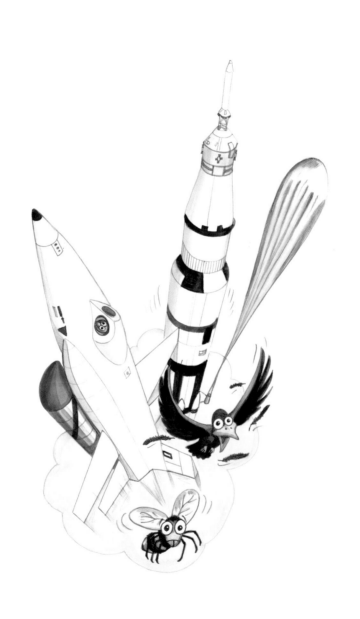

导言

设想一下，没有引力的世界会是什么样呢？你可能再也打不了球，也没法跳进泳池玩水，甚至连坐下休息都办不到了……

引力有或没有，谁都决定不了。在地球上生活，就得承受地球对你的引力，也叫重力。事实上，没有引力就没有地球，也就不会有我们每个人。

虽然引力会给我们带来一些麻烦——我们会摔倒受伤，也会被东西砸伤，但引力的好处更是一箩筐，比如让我们待在地球表面，同时维系着整个宇宙。这世上肯定不能没有引力，你说对吧？

你**每次**跳起来后，引力就会把你拉回到地面。在蹦床上跳跃时，蹦床虽然有足够的弹力把你弹起来，也只能让你短暂地停留在空中，最后还是会被地球引力拉回来。

引力都做了些什么？

地球的引力有点像隐形胶水，把所有的事物都粘在地表上。引力不只作用于地表和坚硬的固体，也让水往低处流形成了大海，还防止了空气飘散到太空中，甚至连地球本身都是依靠自己的引力才凝聚成这么大个球体的。

如果地球的引力突然消失（只是假设一下，别担心），所有东西都会飘起来。江河湖海、空气、人、其他动物等所有物体都会被吸进太空。只是随便这样说说可能挺好玩的，但这种事真的发生的话可就不妙了。

在地球上，**引力**因地球对有质量物体的吸引而产生，不同星球的引力不同，所以同一个人在不同的星球上的引力大小是不一样的，但质量保持不变。

如果没有引力，东西就会全都乱套，唯一的办法就是把所有东西都固定住。你想倒杯水喝，可能会发现水都倒不出来，就算出来了也是飘在半空。没有了引力，水怎么流出来呢？

引力还能给我们带来欢乐。如果没有引力，就没法玩过山车，也不能滑雪、坐雪橇或跳水。这些都依赖地球的引力，因为玩这些的时候都得指望着引力往下拽着你，上得去下不来可不行！

引力不会凭空消失，可得保护好自己，别因为它受了伤！骑自行车的时候戴好头盔，玩滑板或轮滑的时候穿好护具。

有时候，引力也让人**受伤**。没有了引力，人就不会从楼梯或自行车上摔下来。摔倒其实就是引力在作怪，因为它总把你往下拽。

你被东西砸到甚至被**砸伤**，都可以怪到引力头上。而没有了引力，垃圾根本扔不进垃圾桶，只会飘得到处都是。

引力还保证了太阳系的**行星沿轨道围绕太阳运转**，以及月球沿轨道围绕地球运转。如果没有引力，月球和行星就会漫游走了。

3

什么让万物初醒？

引力到底是什么呢？刚有宇宙的时候，微粒开始形成，是引力让微粒聚集。所以自物质诞生时起，就有引力存在了。聚集的规模越来越大，但过程却很缓慢。五亿多年过去了，聚集物大到形成了巨大的气体云，最终形成了星系。星系中诞生了恒星，有些恒星的周围形成了行星系统。而这背后的力量就是引力，它是功不可没的大功臣！

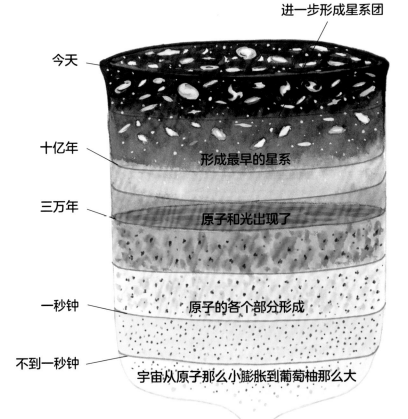

进一步形成星系团

今天

十亿年 —— 形成最早的星系

三万年 —— 原子和光出现了

一秒钟 —— 原子的各个部分形成

不到一秒钟 —— 宇宙从原子那么小膨胀到葡萄柚那么大

大爆炸 ——

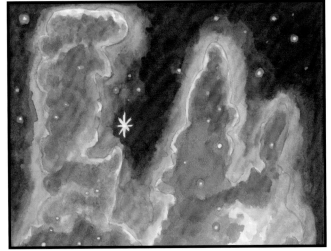

比利时天文学家乔治·勒梅特于 1927 年提出了勒梅特宇宙模型，得到了宇宙膨胀的概念，后来这一概念逐渐发展成了**大爆炸理论**。该理论阐述了宇宙是如何从一个微小的点迅速膨胀形成的。所有的物质和能量从中心冲向四面八方，时至今日依旧在碰撞中扩展。同时引力使得物质聚集在一起，所以浩瀚的宇宙中才有了一个个的天体。

在引力的作用下，**气体和尘埃**等组成的大型气体云聚拢形成了恒星。要是没有引力，恒星就不可能诞生。

气体和尘埃旋转聚集后形成了**恒星**，而围绕恒星旋转的物质又逐渐聚集成了行星。

如果**大块物质**相互撞击或者离得太近，要么就会合并成体积更大的物质，要么就会粉身碎骨一同毁灭，成为尘埃。

尝试一下！

我们还不清楚引力的所有秘密，这仍是未来物理学家努力的方向。没准儿你就是那位解开奥秘的物理学家！

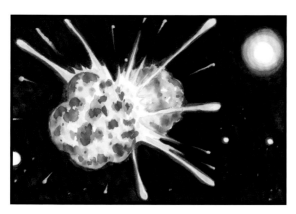

天体	是否绕太阳运行	是否是球形	是否清空轨道	是否是行星
金星	✔	✔	✔	😀
地球	✔	✔	✔	😀
冥王星	✔	✔		😟
妊神星	✔		✔	😟

木星环主要由**尘埃粒子**组成，环与环之间存在空隙。这可能是因为木星的卫星对这些尘埃粒子的引力改变了它们的轨道而形成的。

直径达到 400 千米以上的行星才能形成球状，因为引力较大才足以把疙疙瘩瘩都拽平。如果没有这么大的话，就没有足够大的引力，形状可能只能像颗大土豆了。

太阳系内能称得上是行星的天体，必须满足这三个条件：（1）围绕太阳运行；（2）有足够大的体积以成为球体；（3）将轨道附近别的物体（其卫星除外）清空。

你会以多快的速度下落呢?

意大利科学家伽利略·伽利莱对引力很痴迷。16世纪80年代,他提出引力对所有下落的物体具有同样作用,这叫作自由落体定律。也就是说,在只有引力作用的情况下,重的物体并不会比轻的物体落得更快。但是在地球上,物体下落时还会受到空气阻力,其具体大小由物体的形状和质量决定。

伽利略说如果他能在没有空气阻力的地方同时抛下羊毛和铅块,二者会同时落地。但是他没法完成这个实验,因为地球上到处都是空气。

1971 年,航天员戴维·斯科特乘**"阿波罗 15 号"**抵达月球,他终于有机会验证伽利略的理论了:他同时抛下了一根羽毛和一个锤子,结果二者同时落地!

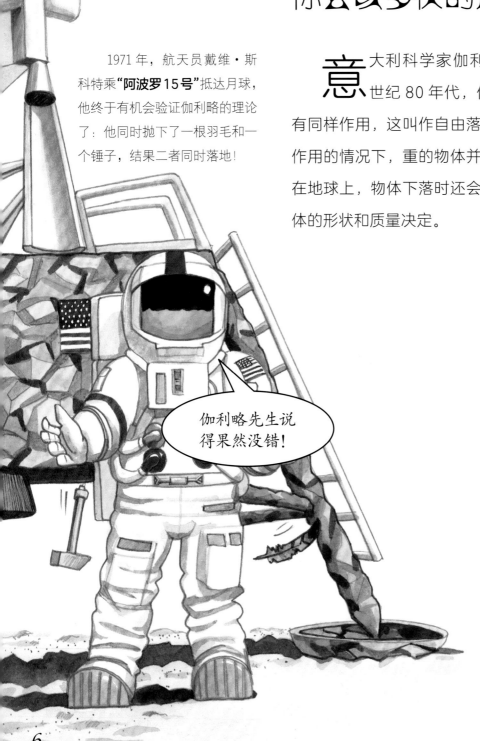

伽利略先生说得果然没错!

伽利略还进行了**斜坡滚球的实验**，以此来研究引力的作用。他记录下不同质量的球滚到斜坡末端的时间，发现用时都是相同的，这证明了引力对较重的球和较轻的球的作用是相同的。

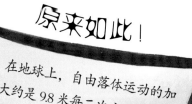

原来如此！

在地球上，自由落体运动的加速度大约是 9.8 米每二次方秒（也就是速度每秒增加 9.8 米／秒），物体达到终极速度后会因为不断增加的空气阻力而略微减速。

物体在空气中下落时，受到的**空气阻力**（空气对物体向上的作用力）会最终与向下作用的引力相等，此时物体就停止加速，维持一个不变的速度继续下落，这个速度叫作终极速度。跳伞时在引力的作用下，一开始会下落很快，打开降落伞后则会因为空气的阻力而减速。

航天员艾伦·谢泼德在月球上打了两杆高尔夫球，由于月球引力很小而且没有空气阻力，他说他打的球飞了"好远好远"。

你**投球**的时候，会依据头脑里球的运动轨迹对发力大小和方向做出决断——其实这只是一瞬间的事，你自己可能都没意识到！

炮弹或弓箭的**飞行轨迹**叫作弹道，点火后的推力把物体发射出去。飞出去后，受到引力的持续作用，最终落在地面上。

看球！

苹果是怎么帮助牛顿的?

牛顿热衷于用望远镜对月球和行星的运行进行观测研究,最终发现了太阳和行星因受引力的作用而沿各自的轨道运行。

曾有不少人对为什么物体总向地面下落深感好奇,牛顿却是第一个仔细研究这个问题的人,他认为是引力让物体互相吸引。物体本身及物体之间都有引力作用。引力的大小取决于物体本身的质量及物体之间的距离。物体之间的引力随着距离变大而减弱。

1666 年,传说牛顿受到**苹果从树上掉落**的启发,提出了月球围绕地球转是受到地球引力作用的设想。如果地球引力吸引苹果落地,难道不同样吸引月球吗?

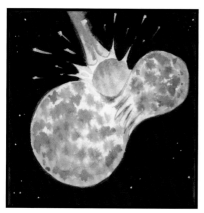

牛顿的理论解释了行星因为受引力作用而围绕太阳转。这些行星受到太阳引力的吸引，无法逃逸出去。有些行星的运行轨道是倾斜的，这是因为它们同时还受到附近其他行星和卫星的引力作用。

科学家认为，几十亿年前某颗较大的小行星或某一行星与地球相撞，产生的碎片形成了**月球**。这些碎片被地球的引力维持在轨道上运行，而碎片本身的引力又使得它们凝聚在一起。凝聚物继续旋转，其引力将各个部位向中心吸引，形成了球形的月球。其实，其他行星也都是这样才成为球形的。

所有的物质都有引力，连原子这么小也不例外，但是它的引力非常微弱，我们都感受不到。还有，我们每个人的身体也都有引力哟！

如果全世界的人都站在地球的同一边，地球现在的重心就会偏移。重心受质量分布影响，所以让全世界的人都集合起来肯定就能改变它。

月球的引力导致了地球上的潮汐变化。月球围绕地球公转的过程中，它的引力牵引着地球上的海水，所以才有了潮涨潮落。

感谢引力让我们可以尽情冲浪！

原来如此！

物体的质量越大，引力越大。地球的引力十分强大，所以我们才可以稳稳地待在地面上。其实，我们的身体同时也在用微弱的引力吸引着地球。

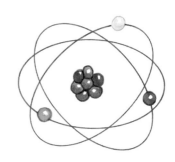

为什么说引力像个洞？

牛顿的引力理论已经被广泛接受了几百年。它能够解释得通月球为什么围绕地球转、苹果为什么落地，但是解释不通超小或超大维度上的问题。不过这一缺陷在牛顿发现引力的 1666 年根本不是问题，因为那时人类对于原子或星系还没有概念。

阿尔伯特·爱因斯坦认为单纯地把引力视为一种力是不妥的，1915 年，他将其形容为一种时空连续区中弯曲的场。大型物体，比如恒星，能够造成一种"凹陷"，那么周围比它轻的物体就会向其偏转。你可以想象在一张拽紧的毯子上放一个很重的球，球就会把毯子压得凹陷下去。

不一样的是，毯子只有一个平面，而**时空**有四个维度，重物会让每个维度都出现凹陷。

引力带来加速度，加速度单位是 m/s^2，也就是说速度每秒钟都在加快。你要是看到有石块从山上滚落，引力绝对会给它加速的，你可一定要快跑啊！

它越来越快了！

因为引力在起作用啊！

10

尝试一下！

一张毯子拉平后放一些小球，观察时空弯曲能让物体聚集在一起的现象。

爱因斯坦在他的**广义相对论**中将引力解释为时空这个多维结构的弯曲。很重的物体，比如恒星，可以造成时空弯曲而吸引其他物体靠近。

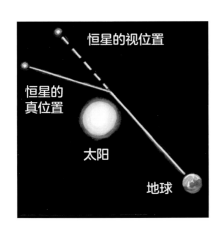

恒星的视位置

恒星的真位置

太阳

地球

爱因斯坦认为大质量恒星可以让光拐弯。如果光线在某物体周围弯曲，就可以看到隐藏在背后的东西。

为了验证**爱因斯坦的理论，**天文学家阿瑟·爱丁顿 1919 年坐船来到西非，观测并拍摄了日食，看到了太阳背后的东西。

把这些日食照片与夜晚的照片对比，就会发现太阳附近某个星团的位置不一致。这证明了星体发出的光在太阳周围变弯了。

如何让引力为人类服务？

引力永远存在，没有消失过，不需要动力源，也无须代价（产生消耗），让它为人类服务是聪明的做法，人类通过各种各样的方式利用引力。

人类在还没有认识到引力的存在时就已经在使用它了。引力最擅长的是让物体掉落，人类早就利用了这一点。引力还能用来检测物体表面是否水平或垂直，也可用于计时。如今，人类还能利用引力操控宇宙飞船的方向。

引力可以让拴了重物的绳子保持垂直。绳子一头拴上重物，铅垂线就做成了，可以用来检测面是否与地面垂直。

你有没有见过不平整或倾斜的**水面**？肯定没见过，因为水面总是水平的。也就是说，我们可以用它来检测某个面平不平：只需在某物体表面上放一碗水，看一看水面相对于碗的边缘是否倾斜。如果倾斜，这个物体表面就不平。太简单了！

太好用了！

时钟发明以前，人们使用**沙漏计时**。沙漏就是依靠引力，原理是沙子通过中间的小孔缓慢地从上半部分流入下半部分。沙子从一边流向另一边用的时间总是一样的，所以沙漏才能用来计时。

尝试一下！

自己制作铅垂线。取一根细绳，将一个重物固定在绳子的一头，用它检测身边的物体是否垂直。你家的门是垂直的吗？操场的攀爬架是垂直的吗？

水从高处流向低处是因为地球引力。**水磨**利用水流的力量转动水轮。水轮带动轮轴从而驱动机器。这种机械动力，本质是靠引力来碾磨谷物。

人类还会利用**其他行星的引力**。宇宙飞船飞行中还会用到引力助推的办法，把引力当作弹弓使用来进行加速。行星的引力吸引宇宙飞船靠近，飞船的速度就越来越快，在靠行星加速后，飞船方向虽然有所改变，但速度提上来了。

水力发电站也是利用水流产生动能，但是规模比水磨大得多。高水位差产生强大的水流，带动发电机把水的势能转化为电能而发电。本质其实就是利用引力发电！

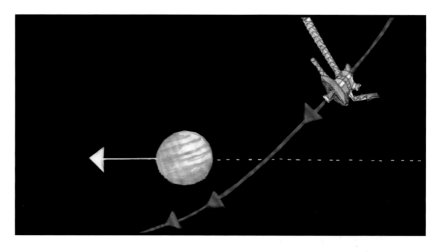

什么东西只往上跑不往下落?

卫星绕地球运行也是由于引力。卫星是围绕行星运行的天体，月球是地球唯一的天然卫星，围绕地球旋转了约 45 亿年，一如既往地陪伴着地球。

人类造出的卫星已经有成千上万颗了。人造卫星都是由火箭送到太空，然后在适当的高度进入运行轨道。它们有各种各样的工作职能，也和月球一样在引力的作用下保持在稳定的轨道运行。没有了引力，我们就再也没有卫星电视、移动电话或者全球定位系统了！

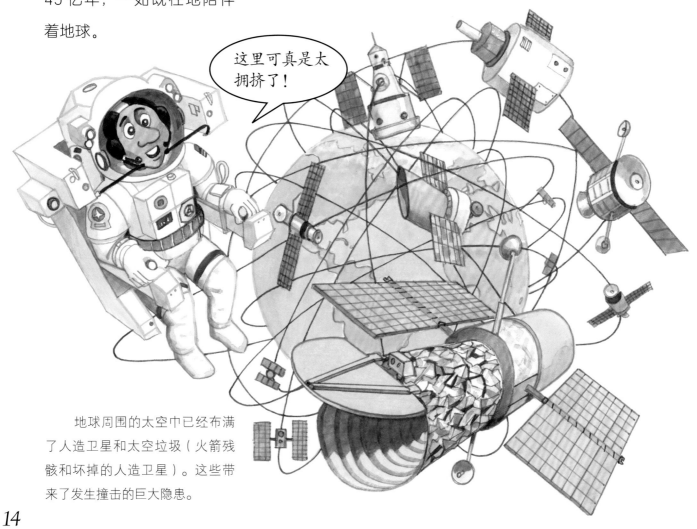

地球周围的太空中已经布满了人造卫星和太空垃圾（火箭残骸和坏掉的人造卫星）。这些带来了发生撞击的巨大隐患。

卫星的速度与它的飞行高度必须要严格匹配才能沿轨道运行。人造卫星会保持运载火箭释放它时的高度并维持当时的速度一直运行下去。如果它的运行速度减慢或者运行高度降低就会掉入大气层并在这一过程中燃烧殆尽。如果运行速度太快则会飞离地球引力范围，进入外太空。

尝试一下！

你想看中国空间站吗？你不需要准备望远镜，只要在晴朗的夜空就可以用肉眼看到！

人造卫星的用途很广，可用于通信、天气预报、侦察，如天文望远镜、全球定位系统等，甚至还可以用来测量引力！

并不是所有的人造卫星都围绕地球运转。有些旧的航天器受太阳的引力场吸引围绕太阳运转。

卫星轨道确实会逐渐衰变。大多数卫星坠落后会在大气层几乎燃烧尽，但偶尔也会有个别碎块坠落到地面上。

太空中并没有"上"和"下"的区分。地球的最上端是北极只是人为的规定。实际上，"上"是指远离地球，"下"是指接近地心。

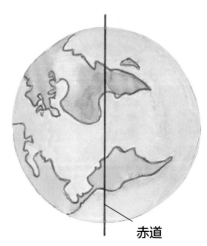

赤道

为什么我们的身体依赖引力？

我们的身体通过漫长的进化过程已经非常适应地球上的引力。如果引力太大或太小，身体都会觉得不舒服。引力是航天人必须考虑的问题，因为他们要计划长途太空飞行，尤其还要研究人类在其他星球或者空间站上面生活的可行性。从地球到火星需要超过 14 个月的太空飞行，这期间航天员就得生活在没有引力的环境下。

在太空飞行中，航天员处于失重状态。骨骼和肌肉无须克服引力去支撑身体重量了，这并无益于身体的健康。身体需要发挥作用才能保持良好状态，这也是经常锻炼有利于身体健康的原因。失重还会导致很多身体部位产生不适。

胃

耳朵

上肢骨

脊椎

腿部肌肉

引力变小甚至失去引力会导致人**体骨骼密度**下降，长途飞行后航天员的骨质变得疏松，有很高的骨折风险。航天员的骨骼一个月就能减少1%的重量，骨密度会降低超过一半。如果腿断了，航天员可就无法圆满完成探索宇宙的任务了。

失重导致太空病。**零引力训练**模拟舱被航天员戏称为"催吐舱"，因为谁进去了都会难受呕吐。

人类的平衡能力依靠的是耳朵内部的液体和绒毛。假如婴儿出生在太空飞行途中，回到地球后才第一次受到引力作用，那他会有平衡能力吗？还没人知道答案！

长途太空飞行还会导致**肌肉萎缩**。身体不再需要肌肉发力来克服引力了，就会导致肌肉以每星期5%的速度萎缩。航天员飞行前都要进行肌肉强化训练。

水母身上有很多小晶体，有了它们，水母的身体在引力环境下才能活动自如，还能感知方向。而在太空中出生的水母被送回地球后就无法适应引力。

引力虽好，可太大也不妙！

在引力更大的行星上行走可不大容易，而且大气压力也会把你压得喘不过气来。

引力太小了对身体不好，那如果引力大于我们适应的大小呢？如果航天员造访别的星球，就要面临有些星球引力比地球小、有些比地球大的问题。伟大的探险家可不会小瞧了这个问题！

一个星球的引力取决于这个星球的体积和密度。在太阳系内，月球的引力只有地球的17%，火星的引力大约是地球的三分之一（37%），主要由气体构成的庞然大物木星的引力是地球的两倍多。木星并没有固态的表面，但是人在上面依旧会被拽向木星的中心。在太阳系外的其他星球上，情况可能又不一样了！

引力作用在我们身上时，脊柱里质地软弹的椎间盘会感到压力，你会越来越矮，即使在地球上也是这样。如果地球上的引力比目前大，你可能会比现在矮一些。

在**引力更大**的行星上，空气会更重地压在身体上。因为空气本身就被更大的力量吸引向地面，所以对身体的压力更大。这样行动起来就会更困难，更累人。

尝试一下！

试试锻炼或者跑步时绑上沙袋吧！比平常会费劲很多吧？这就是引力变大带给人的感受，只不过引力可不像沙袋一样想卸就卸下来。

而且你的血液也会有向下流动的趋势，你的脸就会像**僵尸**一样毫无血色。因此心脏要保持正常的血液循环也会更加困难。（如右图）

当心！
此处黑洞
请绕道

黑洞里的引力是异常巨大的。 黑洞是密度很大的物质，以至于它自己都没法承受而坍塌了。黑洞虽然并没有失去任何质量，但是已经被压到一个很小的空间了。与一个行星质量差不多的黑洞甚至可以放在茶匙里。

靠近**黑洞**的物体会被"拉面化"：物体靠近黑洞一端受到的引力比远离黑洞一端的大，所以就会被拉得又细又长。接着这根"面条"就会被吸进黑洞里然后被完全压烂，根本无法逃脱！

如何在没有引力的地方生活?

太空中的航天员不得不在失重的情况下生活，也就是说所有物品包括他们自己都会在宇宙飞船里飘来飘去。他们的日常活动和工作任务都必须以特别的方式进行。

在地球同步轨道上飞行时，航天器和航天员都处在自由落体的状态，就会失重——就像引力消失了一样。处于自由落体的状态意味着飞船和里面的所有东西都会被地球引力吸引，但同时，航天器自身的速度保证了它不会坠落。想象一下你跳起后的那一瞬间，只不过这一瞬间会延长到几个星期或几个月，这就是在太空里生活的感觉。

在**航天器**里似乎没有必要把东西收好，只要随意留在空中就行。虽然这样挺有趣的，但只要有一丝丝的气流，物品就会飘得到处都是。所以必须把所有东西都拴好了才行。

航天员会使用特别的咖啡杯，它的形状像飞机机翼，咖啡在杯子里会自动向上流，这再好不过了，而且倾斜杯子已经不管用了。

如果你在**太空里刷牙**，牙膏和水会飘走的！航天员需要学习如何避免这种情况，还有上厕所也要采取特殊的方法。

尝试一下！

在地球上，引力可是能够救你一命的。如果遇上雪崩被埋住，没办法分辨上下，你可以小便或吐口水，水流动的方向就是下方，然后你朝反方向挖洞就可以逃生了。

在**失重的状态**下，所有东西包括食物饮料、生活物品还有航天员都会到处飘动，要想把东西整理好实在不容易。

平时你的**头发**在引力作用下是垂下来的，但在太空里大家的头发都很凌乱。航天员每天都要顶着糟糕的发型坚持工作，真叫人头疼！

在太空里**躺下**和站立没有区别。为了睡觉时不到处乱飘，他们曾经要钻进固定在墙上的睡袋里"站着"睡觉！

进行**球类运动**是很困难的事，因为扔出去的球不会落下。不一会儿就会有一堆球在天花板下飘荡了，不过话说回来，太空里没有上下之分，也很难说哪边是天花板！

如何对抗引力?

人类对抗引力的活动也有很多：飞机飞行、航天器发射，甚至仅仅是跳起来或者把球扔向空中。

引力把我们吸在地球上，那么物体怎样才能离地起飞呢？我们采用牛顿的理论，把引力看成是一种力，我们可以用更强大而且方向相反的力——向上的推力来对抗引力！任何物体有了足够大的推力都可以离开地面，如果有更大的推力，甚至还可以发射到太空中。

我们起跳时就是用**肌肉发力**让身体离开地面的。其实抬脚走路也是一样的原理。

我们就是在挑战引力！

许多东西都可以**对抗引力**飞到空中，即使微小的昆虫也不例外。不过，只有航天器才能真正摆脱地球引力。

高速气流（气压较低）　　推力

升力

低速气流（气压较高）

飞机以很高的速度起飞，然后依靠机身下部的空气提供升力来对抗引力。

原来如此！

力控制物体的运动，某一方向的推力或拉力使物体运动，而相反方向的力会使先前的运动减慢或停止。离地的物体总是会因为引力的吸引而回到地面上。

鸟儿拍动翅膀，产生气流推动身体飞行。

强劲的火箭**发动机**向下喷射工作介质以产生反推力克服引力，从而推进火箭。有了充足的燃料，火箭可以逃离地球的引力飞向太空。

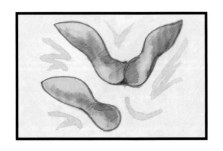

树叶、种子还有昆虫都属于非常轻的物体，可以借风克服引力，轻松地飞到空中。

逃离太阳的引力比逃离地球的引力需要耗费更大的能量。充足的燃料帮助**火箭**飞离地球后又会受到太阳引力的影响。

氦气球中填充的气体比空气轻。气球周围较重的空气下沉，气球就能飞起来。气球虽然仍受到引力，但是比空气受到的引力要小。

你的生活离得开引力吗?

乘坐航天器在失重状态下来一场小小的太空探险也许还算有趣，但是一直生活在没有引力的状态下就不是什么乐趣了。如果没有了引力，人类也将无法生存。但是如果人类有一天想移居太空，那么如何在不同引力下生活就是不可回避的问题了。如果走出太阳系，我们可能会遇到比地球引力更大的星球。那将会是我们必须适应的痛苦，尤其刚经历了旅途中漫长的失重状态。一旦习惯了生活在引力中，就很难离开引力了!

如果你要移居到**引力更大**（但也不会太大）的星球上，身体最终也会慢慢适应。刚开始的时候当然会很辛苦，适应过程可能就像专业运动员的高强度训练一样，主要因为我们需要更强壮的肌肉、心脏和骨骼。

如果你要移居到**引力比地球小**很多的星球上，你可能再也回不到原来的状态了。即使你的肌肉能通过锻炼重新变得强壮，但是骨骼依然是脆弱的。所以移居之前一定要选一个你最喜欢的星球哟!

如果**移居**到比地球引力大很多的星球上，我们就得想办法克服身体要承受的额外引力了。也许我们可以试试一种特殊的反引力装备。喷气推进式靴子或许能让我们的行动更加自如！

看这里！

如果有一天你得去一趟引力很小的星球，记得带上一件重型装备。穿上它你就不会飘起来踩不到地面了。

或许，我们可以在最高的地方生活，因为**海拔最高的地方**就是引力最小的地方。距离星球的表面越远，引力就越小。地球上也是这样，如果你爬到了很高的山顶，那里的引力就会比海平面的引力略小，也就是说在山顶上你的体重也会稍微变小。如果在一个引力很大的星球上，海拔对引力的影响会更明显。

最理想的情况是，我们能找到一个宜居的行星，它的引力不大也不小，对我们来说正好！最好是一个就像地球一样的行星！不过还找什么呢？我们现在就住在地球上呀！

25

词汇表

大爆炸理论：该理论阐述了宇宙诞生之初，所有物质从一个无限小的点爆炸膨胀，时空开始形成。

（轨道）衰变：某一物体沿轨道运行的速度减慢后开始向地球坠落。

氦气：一种很轻的气体，密度小于空气。

空气阻力：空气对下落物体或运动物体的阻碍力。

轮轴：固定轮子的轴，轮子以其为中心旋转。

抛物线：物体被抛出、发射或以其他方式弹出后的飞行轨迹。

全球定位系统：参照卫星运行位置实现地球上的精准定位的系统。

铅垂线：末端悬挂铅锤或其他重物的细线，用于检测垂直度的工具。

太阳系：受太阳引力约束而在一起的由太阳、行星、卫星、彗星、小行星和其他天体组成的天体系统。

卫星：围绕一颗行星并按照轨道运行的天体。

失重：航天员在轨道上运行的宇宙飞船上身体处于自由落体时一种有质量而不表现重力的状态。

水力发电站：利用水流发电的发电站。

雪崩：大量的雪块从山上崩裂下来；与山体滑坡类似，只不过滑落的不是岩石和泥土而是积雪。

时空：宇宙存在其中，是时间和空间交织在一起的集合。

引力助推：航天器利用途中的行星或卫星引力作为"弹弓"进行加速的一种策略。

运行轨道：某天体围绕一颗行星、恒星或卫星运行的环形轨迹，在该轨迹上该天体的运行高度、速度维持不变，也不会受到太强的引力而坠落。

终极速度：物体受到引力作用进行自由落体达到的最高速度。

重量：物体受到的引力大小，与质量大小有关。

质量：物质的一种属性，质量能使物体不轻易移动或停止运动。平常我们说的 500g 就是指的质量。

自由落体：物体只在引力的作用下，初速度为零的运动。

原子：一种非常微小的粒子，在化学反应中不可再分割。

关于引力的奇妙事

• 物体在两极比在赤道处更重，所以如果把重 5 千克的企鹅带到非洲的赤道附近用同一台秤称重，它可能只显示 4.75 千克了，而且它肯定会不高兴的！

• 地球上各个位置的引力是不一样的。在阿拉斯加安克雷奇你可以体验地球最强的引力，不喜欢的话，你可以去中非或者印度看看，那里的引力是最弱的。

• 在大气层的边缘，地球引力不足以留住气体分子。也就是说大气层的一小部分总是在逃往太空。小型的行星和卫星并没有足够大的引力，所以根本就无法形成大气。

• 就算在距地面 100 千米的高处，引力也只比地面小了 3%。如果要完全摆脱地球引力的作用则需要飞得更高。

• 在赛车、特技飞行或者航天训练上，人可以感受到超过平常几倍的加速度。美国空军曾对人类承受的加速度极限做过试验，伊莱·L. 贝丁上尉承受了近 83 倍的重力加速度，这一瞬间持续了 0.04 秒，创造了人类历史之最。

• "阿波罗 8 号"上的航员天用橡皮泥把工具固定起来，防止工具在宇宙飞船里飘来飘去。

你知道吗?

我们经常把"重量"和"质量"两个词当成一回事,但并非如此。质量是用来度量让物体运动或停止运动的难度的,就算在零引力的情况下,让静止的物体运动起来也需要力。

重量度量的是引力对物体的作用,所以在不同的引力下重量是会发生变化的。在各个引力不同的星球上,你的重量是不一样的,但是质量相同。

用下面这个表可以计算出你在别的星球上有多重。对于不同的星球,你需要把你地球上的质量乘上相对应的数字。比如在地球上你重 40 千克,那么在水星上你就会重 40×0.37=14.8 千克。

星球	大体系数	星球	大体系数
水星	0.37	土星	1.06
金星	0.9	天王星	0.88
火星	0.37	海王星	1.12
木星	2.36	冥王星	0.06
月球	0.16	太阳	27.07

反引力的暗能量

宇宙刚一形成就开始了膨胀，仅仅是刹那间，引力就开始发挥作用——把物质聚集到一起。但同时，因为宇宙仍在膨胀，聚集形成的物质也在彼此远离。宇宙膨胀得越来越大，而引力则让宇宙空间中的物质聚集，诞生了一个个天体。

天体之间的空间越来越大。这有点儿像吹气球：如果气球上有两个点，气球吹得越大，两个点会离得越远。宇宙的膨胀也是这样，只不过天体没有像气球的点一样变大。

大约在宇宙大爆炸 60 亿年后，最初的能量冲击力开始削弱，宇宙的膨胀似乎应该放慢了，但其实并没有。

宇宙依然在膨胀，而且比之前膨胀得更快了。

因为引力存在于任何有质量的物质之间，所以引力把宇宙中的物质聚集到一起。但同时存在着一股力量在和引力对着干，把宇宙推向四面八方。

很多科学家认为是暗能量在起作用。我们不清楚暗能量是什么，从哪里来的，以及它是如何起作用的，但是我们知道有大量的暗能量存在，大约构成了宇宙的 70%，也知道暗能量让物质分离开，与引力正相反。

为了更好地研究暗能量，科学家正在开发用于探测暗能量的特别观测站。

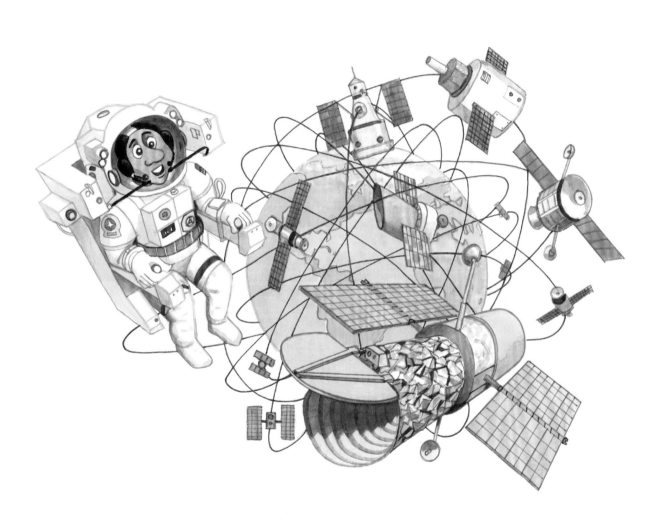

12个我们熟悉又极易忽略的事物，有趣的现象里都藏着神奇的科学道理，让我们一起来探寻它们的奥秘吧！